CADERNO DE CRIATIVIDADE E ALEGRIA

ALUNO: ....
ESCOLA: .... TURMA: ....

editora scipione

SUMÁRIO

COMPRA E VENDA 3

CÉDULAS E MOEDAS DO REAL 5

ALGARISMOS ROMANOS 11

DOMINÓ DE MULTIPLICAÇÕES E DIVISÕES 13

MOLDE DE CUBO 17

MOLDE DE BLOCO RETANGULAR 19

MOLDE DE PRISMA DE BASE TRIANGULAR 21

MOLDE DE PRISMA DE BASE PENTAGONAL 23

MOLDE DE PRISMA DE BASE HEXAGONAL 25

MOLDE DE PIRÂMIDE DE BASE TRIANGULAR .. 27

MOLDE DE PIRÂMIDE DE BASE QUADRADA 29

MOLDE DE CILINDRO 31

MOLDE DE CONE 33

QUADROS COM FIGURAS SIMÉTRICAS 35

COLHEITA MATEMÁTICA 37

FRAÇÕES 43

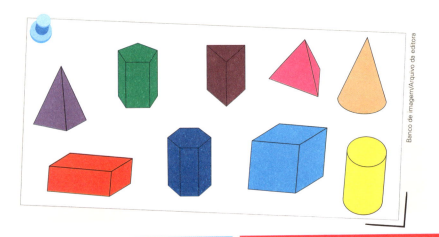

COMPRA E VENDA

Material complementar da **página 58**.

Use as fichas para brincar de compra e venda com os colegas.

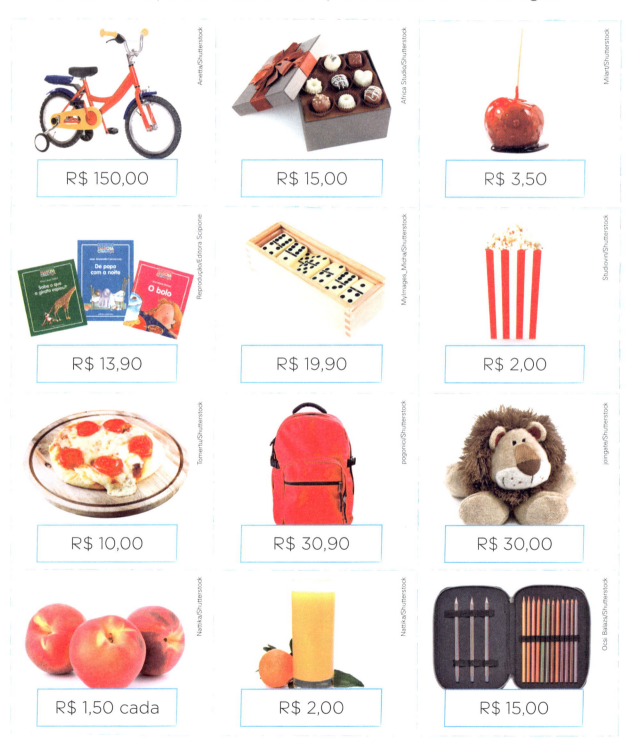

CÉDULAS E MOEDAS DO REAL

Material complementar da **página 58**.

ALGARISMOS ROMANOS

Material complementar da **página 84**.

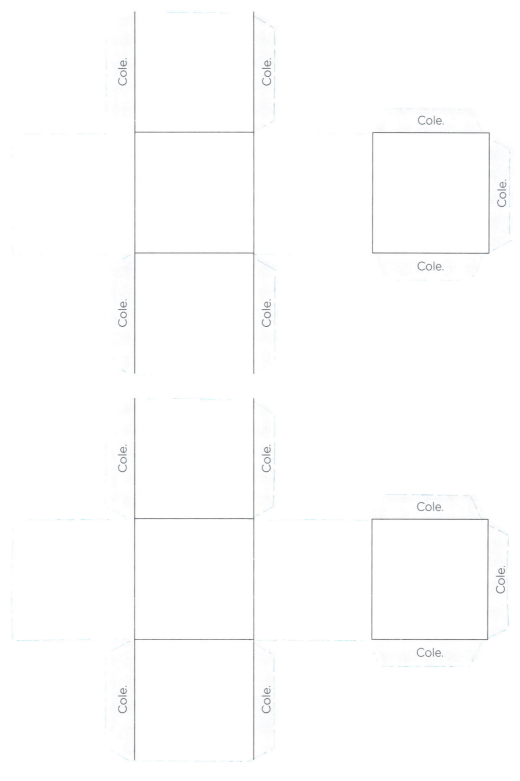

DOMINÓ DE MULTIPLICAÇÕES E DIVISÕES

Material complementar da **página 150**.

Nome:

Ano:

Parte integrante da **Coleção Marcha Criança** – Matemática – 4º ano. Editora Scipione. Não pode ser vendida separadamente.

Dobre.

Cole. A

Cole. B

Dobre.

Cole. A

Cole. B

Caderno de Criatividade e Alegria

95	3 × 10 =	30	40 ÷ 10 =
4	600 ÷ 100 =	2000	450 ÷ 10 =
45	51 × 10 =	510	9000 ÷ 1000 =
600	1500 ÷ 100 =	15	91 × 100 =
9100	35 × 10 =	780	30 × 100 =
3000	500 ÷ 100 =	5	10 ÷ 10 =
290	3000 ÷ 1000 =	3	190 ÷ 10 =
61	100 ÷ 10 =	10	40 × 100 =
6	14 × 100 =	1400	20 × 100 =
9	20 ÷ 10 =	2	60 × 10 =
350	70 ÷ 10 =	7	78 × 10 =
1	83 × 10 =	830	29 × 10 =
19	17 × 100 =	1700	6100 ÷ 100 =
4000	800 ÷ 100 =	8	950 ÷ 10 =

Caderno de Criatividade e Alegria

MOLDE DE CUBO

Material complementar da **página 157**.

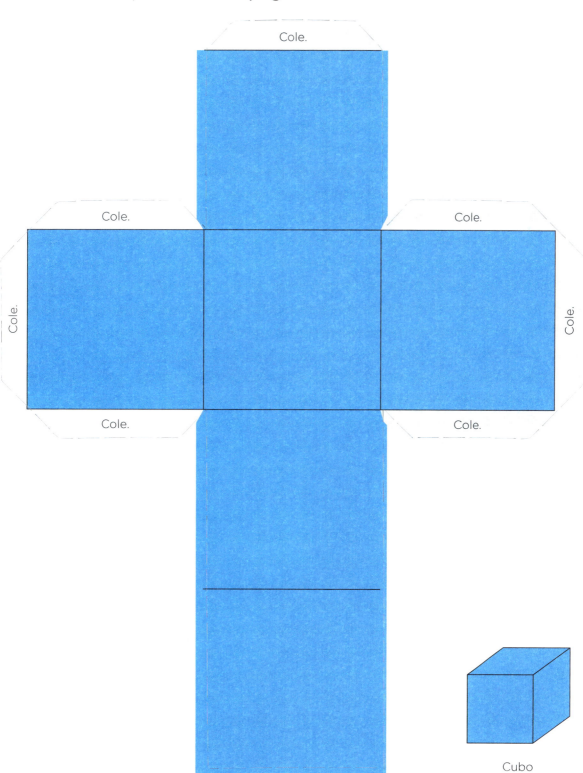

Cubo

MOLDE DE BLOCO RETANGULAR

Material complementar da **página 157**.

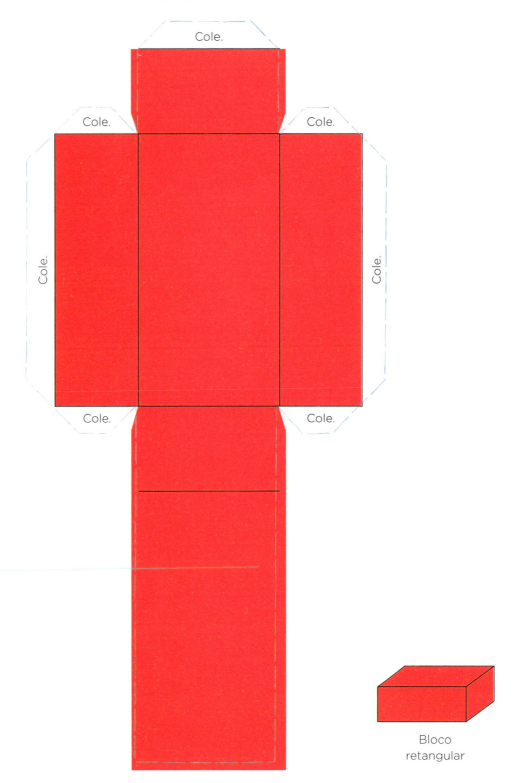

Bloco retangular

MOLDE DE PRISMA DE BASE TRIANGULAR

Material complementar da **página 157**.

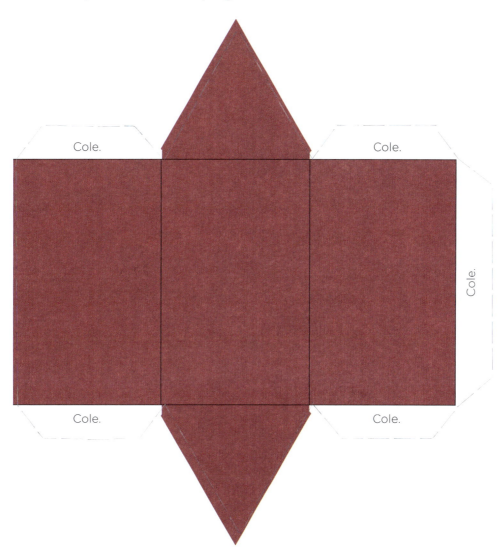

Prisma de base triangular

MOLDE DE PRISMA DE BASE PENTAGONAL

Material complementar da **página 157**.

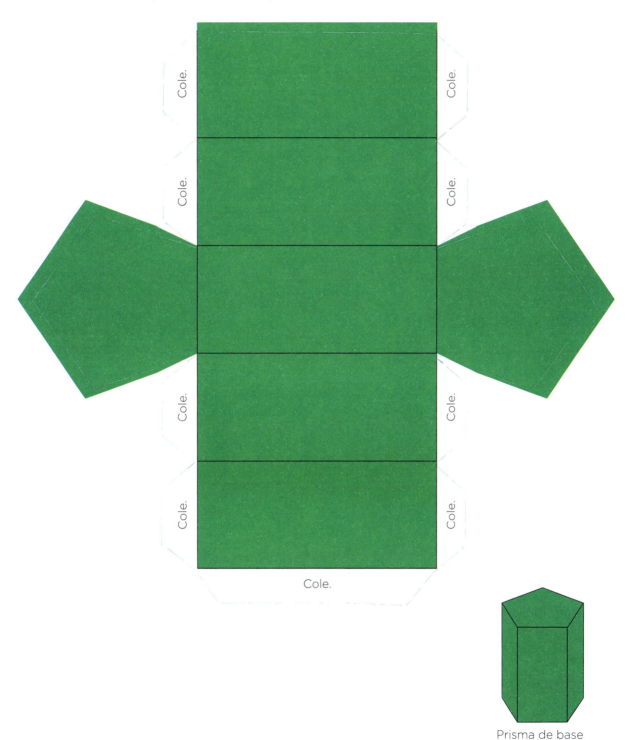

Prisma de base pentagonal

MOLDE DE PRISMA DE BASE HEXAGONAL

Material complementar da **página 157**.

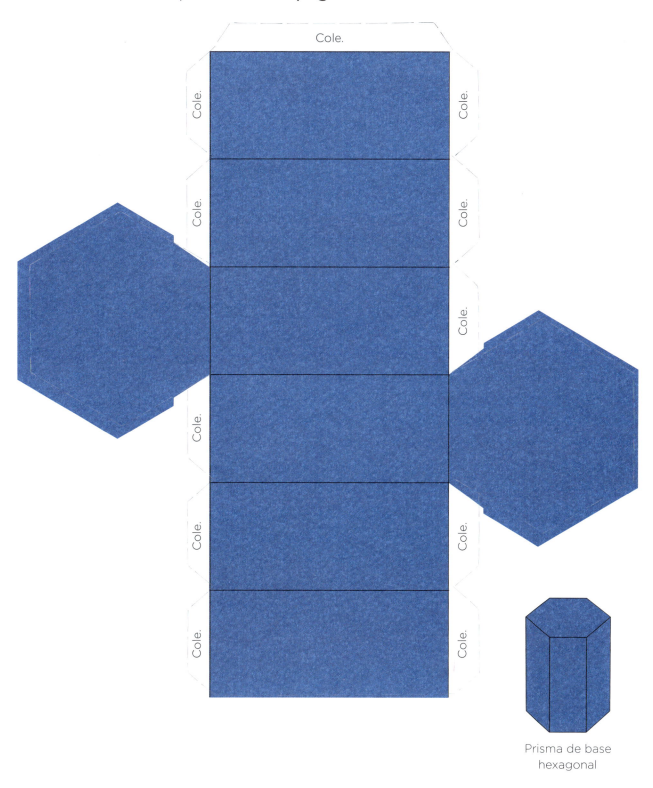

Prisma de base hexagonal

MOLDE DE PIRÂMIDE DE BASE TRIANGULAR

Material complementar da **página 157**.

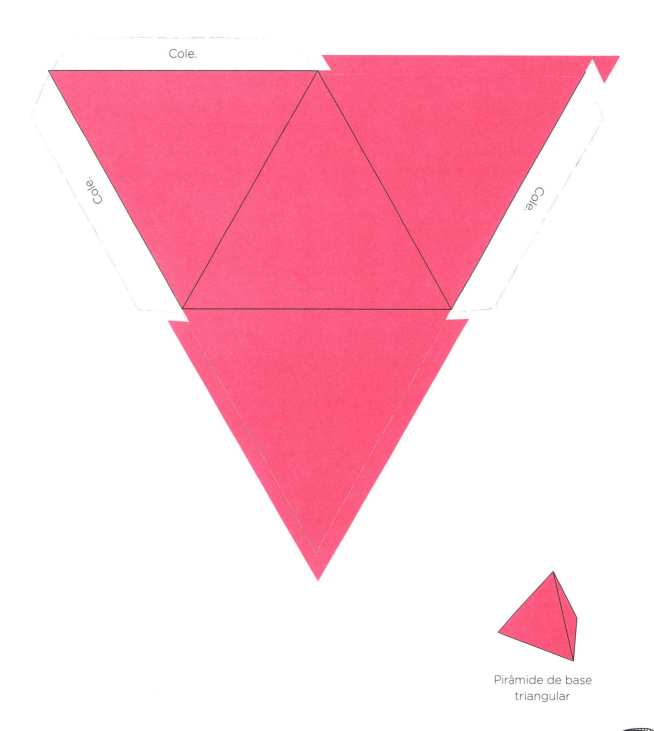

Pirâmide de base triangular

MOLDE DE PIRÂMIDE DE BASE QUADRADA

Material complementar da **página 157**.

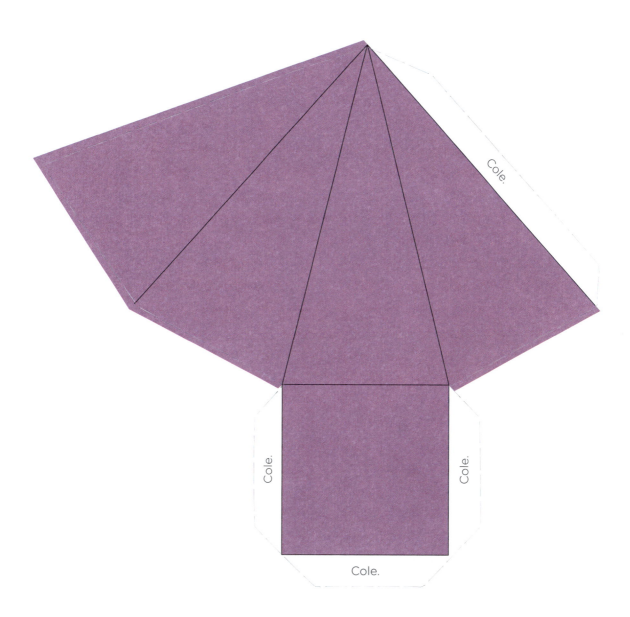

Pirâmide de base quadrada

MOLDE DE CILINDRO

Material complementar da **página 157**.

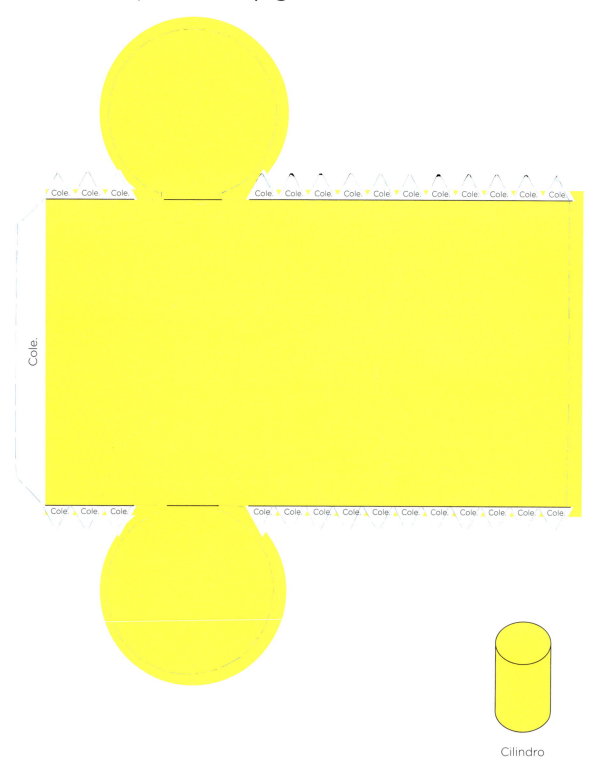

Cilindro

MOLDE DE CONE

Material complementar da **página 157**.

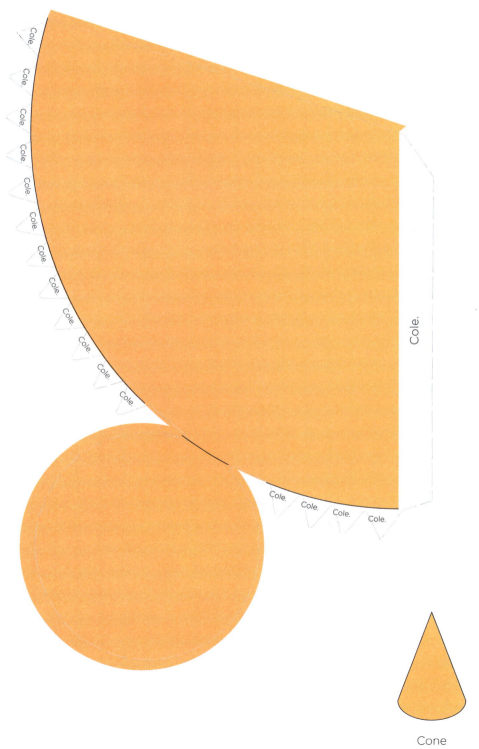

Cone

QUADROS COM FIGURAS SIMÉTRICAS

Material complementar da **página 177**.

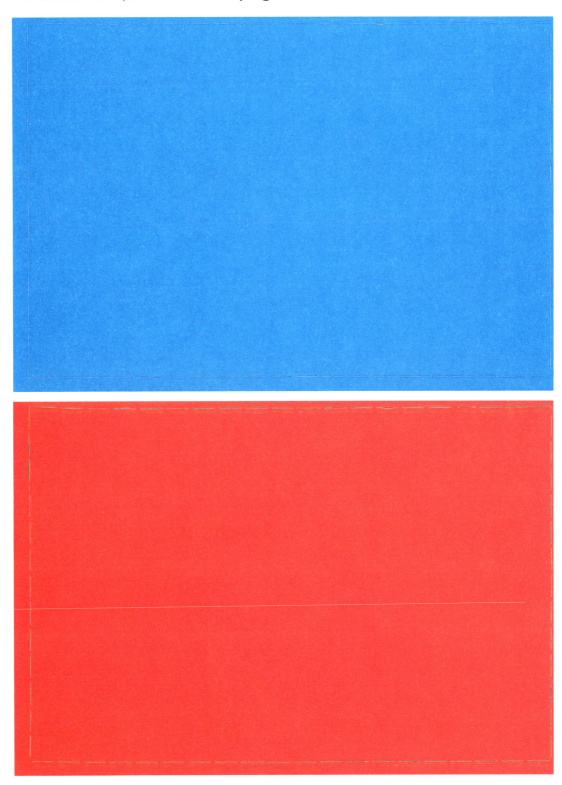

COLHEITA MATEMÁTICA

Material complementar da **página 189**.

Nome: ....

Ano: ....

Número de participantes: 4

Regras do jogo:

Destaque as figuras de frutas da **página 39** deste caderno; elas devem ficar expostas sobre a mesa.

Destaque as fichas com as operações da **página 41**. Espalhe-as sobre a mesa, com as faces voltadas para baixo. Cada participante deve escolher 5 fichas, sem virá-las.

O primeiro jogador mostra uma de suas fichas, calcula mentalmente a operação indicada e pega a fruta com o resultado correspondente. Os próximos jogadores procedem da mesma maneira.

Quando todas as fichas terminarem, contam-se os pontos: cada fruta tem um valor diferente (ver **página 41**). Vence quem obtiver o maior número de pontos.

Parte integrante da **Coleção Marcha Criança** – Matemática – 4º ano. Editora Scipione. Não pode ser vendida separadamente.

Caderno de Criatividade e Alegria

Dobre.

Cole. A

Cole. B

Dobre.

Cole. A

Cole. B

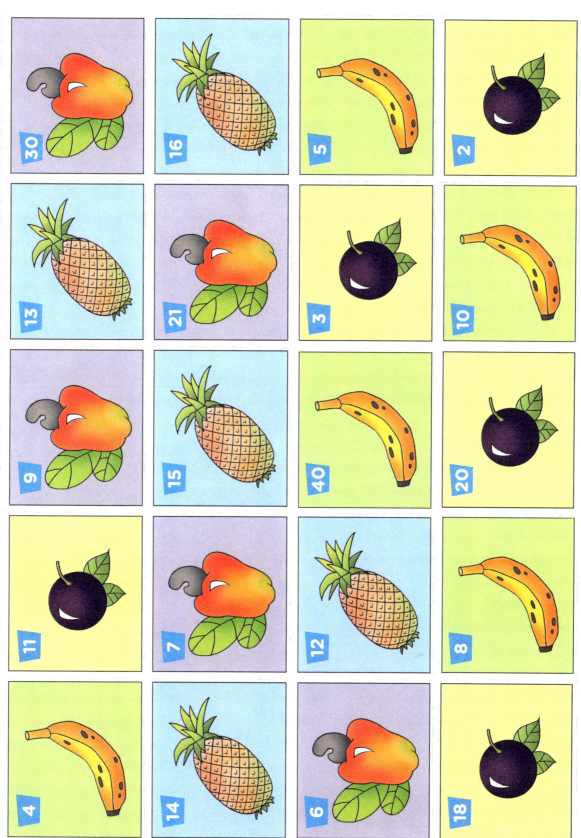

10 pontos	3 pontos
5 pontos	1 ponto

$\frac{1}{2}$ de 22 =	$\frac{1}{2}$ de 36 =	$\frac{1}{3}$ de 18 =	$\frac{1}{3}$ de 15 =
$\frac{1}{2}$ de 40 =	$\frac{1}{2}$ de 80 =	$\frac{1}{4}$ de 28 =	$\frac{1}{4}$ de 16 =
$\frac{1}{5}$ de 45 =	$\frac{1}{5}$ de 60 =	$\frac{1}{6}$ de 78 =	$\frac{1}{6}$ de 12 =
$\frac{1}{7}$ de 147 =	$\frac{1}{7}$ de 98 =	$\frac{1}{8}$ de 120 =	$\frac{1}{8}$ de 240 =
$\frac{1}{9}$ de 72 =	$\frac{1}{9}$ de 27 =	$\frac{1}{10}$ de 100 =	$\frac{1}{10}$ de 160 =

FRAÇÕES

Material complementar da **página 218**.

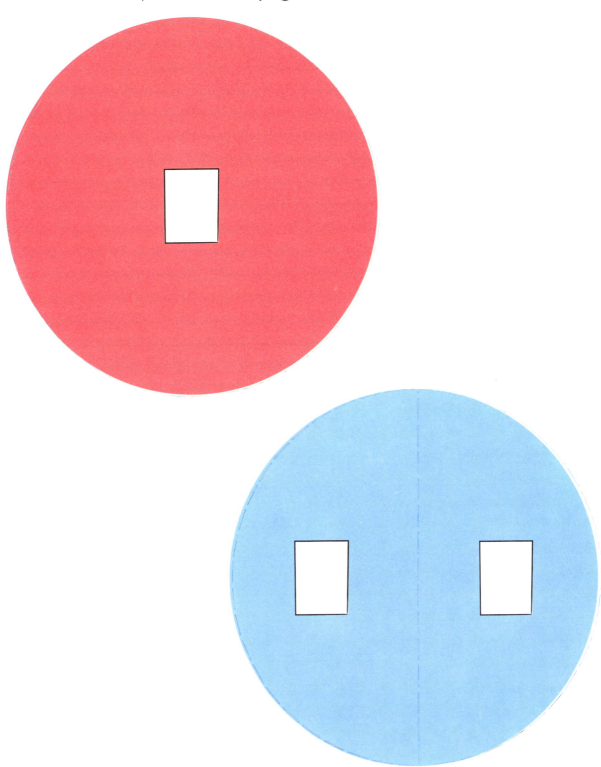

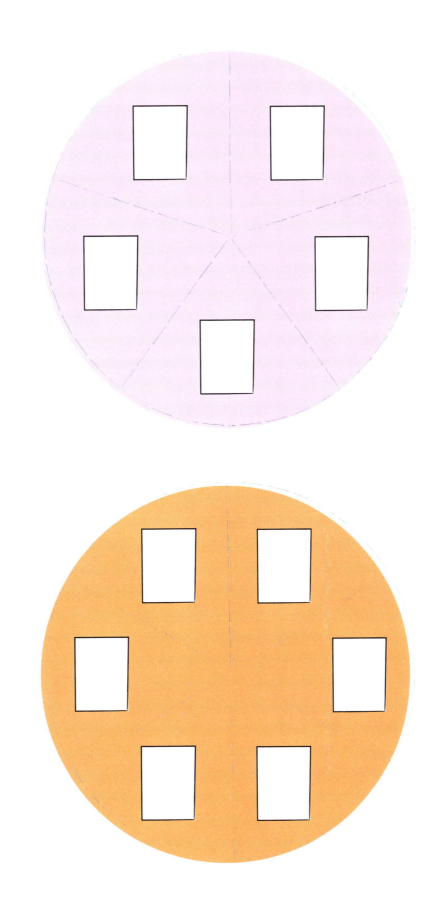